ISBN 978-3-662-22916-3   ISBN 978-3-662-24858-4 (eBook)
DOI 10.1007/978-3-662-24858-4

Die in den Sitzungsberichten Abt. I und Abt. II der math.-nat. Klasse der Österr. Akad. d. Wiss. erscheinenden Abhandlungen werden auch einzeln abgegeben. Sie können durch jede Buchhandlung oder direkt durch die Auslieferungsstelle der Österreichischen Akademie der Wissenschaften (Wien I, Singerstraße 12) bezogen werden.

Nachfolgende Abhandlungen aus den Fächern **Mathematik** und **Technik** sind erschienen:

1950 (1950) (S II a, Bd. 159):

Hohenberg F.: Zur Geometrie des Funkmeßbildes (mit 2 Abbildungen). 14 Seiten. S 12.40

Jarosch W.: Matrizenbänder. 14 Seiten. S 5.20

Schmid H.: Fehlertheorie der gegenseitigen Orientierung von Luftbildern und Zugrundelegung eines Orientierungspunktgitters (mit 13 Abbildungen). 31 Seiten. S 28.40

1951 (S II a, Bd. 160):

Hohenberg F.: Komplexe Erweiterung der gewöhnlichen Schraubenlinie (mit 1 Abbildung). 14 Seiten. S 7.80

Huber A.: Das Verhalten der Integrale der Gibbs-Duhem-Margules'schen Gleichung für binäre Gemische in der Umgebung ihrer festen singulären Stellen (mit 3 Abbildungen), 16 Seiten. S 10.50

Krames J.: Zur Geometrie der gegenseitigen Einpassung von Luftaufnahmen (mit 4 Abbildungen). 15 Seiten. S 7.—

Parkus H.: Wärmespannungen in Rotationsschalen mit drehsymmetrischer Temperaturverteilung (mit 1 Abbildung), 13 Seiten. S 7.50

Ströher W.: Zur projektiven Differentialgeometrie ebener Kurven, 8 Seiten. S 6.—

Wunderlich W.: Zur Differenzengeometrie der Flächen konstanter negativer Krümmung (mit 8 Abbildungen), 38 Seiten. S 16.—

1952 (S II a, Bd. 161):

Federhofer K.: Über die Eigenschwingungen der Kreiszylinderschale mit veränderlicher Wandstärke, 16 Seiten. S 14.80

1953 (S II a, Bd. 162):

Nöbauer W.: Über Gruppen von Restklassen nach Restpolynomidealen. S 19.40

Vietoris L.: Der Richtungsfehler einer durch das Adamssche Interpolationsverfahren gewonnenen Näherungslösung einer Gleichung $y' = f(x,y)$. S 8.80

Vietoris L.: Der Richtungsfehler einer durch das Adamssche Interpolationsverfahren gewonnenen Näherungslösung eines Systems von Gleichungen $y' = f_k(x, y_1, y_2 \ldots y_m)$. S 8.80

Wunderlich W.: Über die ebenen Loxodromen (mit 2 Abbildungen). S 6.30

1954 (S II, Bd. 163):

Federhofer K.: Die durch pulsierende Axialkräfte gedrückte Kreiszylinderschale. S 13.40

Raher W. und Selig F.: Die Verwendung der Motorsymbolik in der theoretischen Mechanik S 17.80

1955 (S IIa, Bd. 164):

Federhofer K.: Zur Kinematik des Schleifkurvengetriebes (mit 5 Abbildungen). S 11.—

Ströher W.: Über einen gewissen Typus von Differentialinvarianten der projektiven und der apollonischen Gruppe der Ebene. S 28.40

Wunderlich W.: Doppelloxodromen mit schneidendem Achsenpaar (mit 6 Abbildungen). S 22.50

Über die Normalprojektionen von Vektorsystemen im n-dimensionalen euklidischen Raum

Von

Hans Vogler

(Vorgelegt in der Sitzung am 10. Dezember 1964)

1.

Wir sagen in der Folge, *ein System reeller Vektoren des n-dimensionalen euklidischen Raumes E_n habe die Eigenschaft $\mathfrak{P}$, wenn die Normalprojektionen der ihm angehörenden Vektoren auf jeder Geraden g des E_n eine von der Richtung von g unabhängige Quadratsumme Q bestimmen.* Vor allem werden zwei *Kriterien* abgeleitet, mit deren Hilfe man entscheiden kann, ob ein konkret vorliegendes Vektorsystem die Eigenschaft $\mathfrak{P}$ hat. Das zweite dieser Kriterien führt auch zu einer Aussage, in welcher Weise sich bei einem Vektorsystem, dem nicht die Eigenschaft $\mathfrak{P}$ zukommt, die verschiedenen Werte der in Rede stehenden Quadratsumme Q auf die Geraden des E_n verteilen. Beschränkt man sich auf die Geraden eines Hyperbündels mit dem Scheitel O, so gehören die Geraden mit demselben Summenwert Q einem Hyperkegel $\Gamma(Q)$ zweiter Ordnung an. Die zu verschiedenen Summenwerten Q gehörenden Hyperkegel $\Gamma(Q)$ bilden ein konzyklisches Büschel. Bei der Diskussion dieses Fragenkreises spielt eine Hyperfläche zweiter Ordnung eine bemerkenswerte Rolle; sie ist mit dem Vektorsystem gegenüber Ähnlichkeitstransformationen kovariant verbunden. Polarisiert man sie an einer konzentrischen nullteiligen Hyperkugel, so erhält man eine Hyperfläche zweiter Klasse, die sogar affin kovariant mit dem Vektorsystem verbunden ist.

Abschließend wird gezeigt, *daß jedes Vektorsystem durch die Eigenschaft $\mathfrak{P}$ innerhalb seiner Affinklasse bis auf Ähnlichkeiten eindeutig bestimmt ist*. Ein Spezialfall davon wurde bereits an anderer Stelle (vgl. hiezu [1]) für das Simplex bewiesen. Verhältnismäßig leicht gelingt es, die Ergebnisse über Vektorsysteme zu solchen über *Polytope* des E_n umzugestalten. Die Auswertung der hier gefundenen allgemeinen Ergebnisse für spezielle Fälle soll weiteren Veröffentlichungen vorbehalten bleiben.

2.

Wir legen unseren Betrachtungen den *n-dimensionalen euklidischen Raum* E_n zugrunde; V_n sei der zugehörige, ebenfalls euklidisch metrisierte *Vektorraum*.

Ferner betrachten wir ein *System von k Vektoren* $\mathfrak{a}_\varkappa$, $\varkappa = 1, 2, \ldots k$ des V_n. Dabei verstehen wir unter dem *Rang* des Vektorsystems $\{\mathfrak{a}_\varkappa\}$ die Maximalzahl der im System enthaltenen linear unabhängigen Vektoren. Wir geben sodann folgende *Definition: Ein System von k Vektoren ($k \geq 1$, sonst beliebig) habe die Eigenschaft* $\mathfrak{P}$, *wenn die Normalprojektionen dieser Vektoren* $\mathfrak{a}_\varkappa$ *auf eine beliebige Gerade g des E_n eine von der Richtung dieser Geraden g unabhängige Quadratsumme Q besitzen*.

Auf Grund eines an anderer Stelle abgeleiteten Hilfssatzes (vgl. hiezu [1], 1. Alternativsatz) umschreibt die Redewendung: „das System der Vektoren $\mathfrak{a}_\varkappa$ hat die Eigenschaft $\mathfrak{P}$" auch den folgenden Sachverhalt: Die Normalprojektionen der Vektoren auf die linearen Unterräume E_l ($1 \leq l < n$) von jeweils gleicher Dimension l haben eine von der Stellung des linearen Unterraumes E_l unabhängige Quadratsumme.

Wir wollen nun *Kriterien* dafür angeben, daß einem System von k Vektoren $\mathfrak{a}_\varkappa$ die Eigenschaft $\mathfrak{P}$ zukommt. Zunächst beweisen wir
Satz 1: *Ein System von k Vektoren* $\mathfrak{a}_\varkappa$, $\varkappa = 1, 2, \ldots k$ *des n-dimensionalen euklidischen Raumes E_n, dessen Rang kleiner als n ist, hat nie die Eigenschaft* $\mathfrak{P}$. *Es können also k Vektoren mit $k < n$ niemals die Eigenschaft* $\mathfrak{P}$ *haben*.

In der Tat, ist der Rang des Vektorsystems $\mathfrak{a}_\varkappa$ kleiner als die Dimension n des E_n, so gibt es Gerade g des E_n, die zu allen Vektoren $\mathfrak{a}_\varkappa$ des Systems normal sind. Für diese Geraden g verschwindet die

Quadratsumme Q der Normalprojektionen. Andererseits hat Q für eine Gerade, die zu einem dieser Vektoren $\mathfrak{a}_\varkappa$ parallel ist, einen positiven, nicht verschwindenden Wert, womit Satz 1 bewiesen ist.

Wir betrachten nun ein *System von k Vektoren* $\mathfrak{a}_\varkappa$, $\varkappa = 1, 2, \ldots k$ *des E_n, dessen Rang mit der Dimension $n \leq k$ des E_n übereinstimmt.* Um eine besser anwendbare Aussage zu erhalten, beschränken wir uns nicht auf den Fall, daß das Vektorsystem $\{\mathfrak{a}_\varkappa\}$ aus n linear unabhängigen Vektoren des V_n besteht. Vielmehr untersuchen wir beliebige Vektorsysteme $\{\mathfrak{a}_\varkappa\}$ mit dem Rang n; diese Systeme $\{\mathfrak{a}_\varkappa\}$ enthalten demnach n linear unabhängige Vektoren. Ist nun g eine beliebige Gerade des E_n, so läßt sich ihr Richtungsvektor $\mathfrak{a}$ als lineare Kombination

$$\mathfrak{a} = \sum_{\varkappa=1}^{k} x_\varkappa \cdot \mathfrak{a}_\varkappa \tag{1}$$

der Vektoren $\mathfrak{a}_\varkappa$ darstellen. Allerdings sind die Koeffizienten $x_\varkappa$ für $k > n$ nicht eindeutig bestimmt.

Wir bilden aus den inneren Produkten

$$g_{ij} = \mathfrak{a}_i \cdot \mathfrak{a}_j \qquad i, j = 1, 2, \ldots k \geq n \tag{2}$$

der Vektoren $\mathfrak{a}_\varkappa$, $\varkappa = 1, 2, \ldots k \geq n$ die symmetrische Matrix

$$\mathfrak{G} = (g_{ij}) \qquad i, j = 1, 2, \ldots k \geq n. \tag{3}$$

Die Matrix $\mathfrak{G}$ besitzt $k \geq n$ Zeilen, ebensoviele Spalten und denselben Rang wie das System der Vektoren $\mathfrak{a}_\varkappa$ (vgl. hiezu [6]).

Ist p_i die Länge der Normalprojektionen des Vektors $\mathfrak{a}_i$, $i = 1, 2, \ldots k$ auf die Gerade g, so gilt

$$p_i \cdot |\mathfrak{a}| = \sum_{\varkappa=1}^{k} x_\varkappa \cdot g_{\varkappa i}, \tag{4}$$

woraus (durch Quadrieren)

$$p_i^2 \cdot |\mathfrak{a}|^2 = \sum_{\varkappa,\lambda=1}^{k} x_\varkappa \cdot x_\lambda \cdot g_{\varkappa i} \cdot g_{\lambda i} \tag{5}$$

folgt. Unter Verwendung von Gleichung (1) folgt die für die weiteren Überlegungen grundlegende Formel

$$\sum_{i=1}^{k} p_i^2 \cdot \sum_{\varkappa,\lambda=1}^{k} x_\varkappa \cdot x_\lambda \cdot g_{\varkappa\lambda} = \sum_{\varkappa,\lambda=1}^{k} x_\varkappa \cdot x_\lambda \cdot \sum_{i=1}^{k} g_{\varkappa i} \cdot g_{\lambda i}. \tag{6}$$

Soll nun die Quadratsumme der Normalprojektionen der Vektoren $\mathfrak{a}_\varkappa$

$$Q = \sum_{i=1}^{k} p_i{}^2 \qquad (7)$$

für alle Geraden g des E_n denselben Wert haben, so muß identisch in den Unbestimmten x_j $(j = 1, 2, \ldots k)$ gelten:

$$Q \cdot \sum_{\varkappa, \lambda=1}^{k} x_\varkappa \cdot x_\lambda \cdot g_{\varkappa\lambda} \equiv \sum_{\varkappa, \lambda=1}^{k} x_\varkappa \cdot x_\lambda \cdot \sum_{i=1}^{k} g_{\varkappa i} \cdot g_{\lambda i}, \qquad (8)$$

woraus weiters für die Matrix $\mathfrak{G}$ die Relation:

$$Q \cdot \mathfrak{G} = \mathfrak{G}^2, \qquad Q = \text{konst.} \qquad (9)$$

folgt.

Genügt andererseits die Matrix $\mathfrak{G}$ der Beziehung (9), so stellt die Konstante Q die konstante Quadratsumme der in Rede stehenden Normalprojektionen der Vektoren $\mathfrak{a}_\varkappa$, $\varkappa = 1, 2, \ldots k$ dar.

Somit gilt

Satz 2: *Wir betrachten im n-dimensionalen euklidischen Vektorraum V_n ein System von $(k \geq n)$ Vektoren $\mathfrak{a}_\varkappa$, $\varkappa = 1, 2, \ldots k$, dessen Rang mit der Dimension n des V_n übereinstimmt. Ein solches Vektorsystem $\{\mathfrak{a}_\varkappa\}$ hat genau dann die Eigenschaft $\mathfrak{P}$, wenn die Matrix $\mathfrak{G}$ der inneren Produkte $g_{ij} = \mathfrak{a}_i \mathfrak{a}_j$ $(i, j = 1, 2, \ldots k)$ der Relation (9) genügt.*

Folgerungen:

a) Wir betrachten n linear unabhängige Vektoren $\mathfrak{a}_\nu$, $\nu = 1, 2, \ldots n$ des n-dimensionalen euklidischen Vektorraumes V_n. Die Matrix $\mathfrak{G}$ der inneren Produkte ist dann regulär, denn es gilt

$$\det \mathfrak{G} = (\det \mathfrak{A})^2 > 0. \qquad (10)$$

Ist ferner $\mathfrak{G}^{-1}$ die Inverse von $\mathfrak{G}$, so folgt aus der Relation (9):

$$Q \cdot \mathfrak{E} = \mathfrak{G}, \qquad (11)$$

wobei $\mathfrak{E} = (e_{ij})$ die n-reihige Einheitsmatrix mit den Gliedern

$$e_{ij} = \begin{cases} 1 & i = j \\ 0 & i \neq j \end{cases} \quad i, j = 1, 2, \ldots n \qquad (12)$$

ist.

Mithin gilt

Satz 3: *Ein n-Bein des n-dimensionalen euklidischen Raumes E_n mit den Schenkeln $\mathfrak{a}_\nu$, $\nu = 1, 2, \ldots n$ hat genau dann die Eigenschaft $\mathfrak{P}$, wenn seine Schenkel gleich lang und paarweise orthogonal sind.* Hierin braucht keine explizite Voraussetzung über die Dimension des n-Beines aufgenommen zu werden, denn auf Grund von Satz 1 kann einem dimensionsmäßig ausgearteten n-Bein — also einem solchen, dessen Schenkel ein Vektorsystem mit dem Rang $r < n$ bestimmen, — ohnehin nicht die Eigenschaft $\mathfrak{P}$ zukommen.

Ferner gilt

Satz 4: *Projiziert man die Schenkel eines orthonormierten n-Beines des E_n normal auf einen linearen Unterraum E_l mit der Dimension l, so haben die Normalprojektionen der Schenkel die Quadratsumme l.*

Dieser Sachverhalt ist ziemlich selbstverständlich, denn er ist eine einfache Folge von grundlegenden Eigenschaften orthogonaler Matrizen. Interessanter dürfte der Inhalt von Satz 3 sein.

Wie an anderer Stelle gezeigt werden wird, ermöglicht es Satz 3, dem bekannten Satz von C. F. Gauss über den Normalriß der Würfelecke (vgl. hiezu [2], S. 180) ein Analogon im n-dimensionalen Raum an die Seite zu stellen. Auch der in den Lehrbüchern der Darstellenden Geometrie (vgl. hiezu [3], S. 274) häufig enthaltene Satz über die Verkürzungsverhältnisse der Einheitsstrecken bei normaler Axonometrie läßt sich hier einordnen.

b) Die unter a) gewonnenen Ergebnisse lassen sich unschwer zu Aussagen über zwei Klassen von Polytopen des E_n umgestalten. Zunächst betrachten wir die *Parallelotope* des E_n. Wir verstehen darunter jene Körper des E_n, die wir als Verallgemeinerungen der Parallelepipede des E_3 auffassen können. Ein solches Parallelotop besitzt 2^n Eckpunkte, sein $(n-1)$-dimensionaler Rand besteht aus $2n$ Parallelotopen der Dimension $(n-1)$, von denen i. a. genau zwei kongruent (genauer: schiebungsäquivalent) sind. Ferner besitzt es $2^{n-1} \cdot n$ Kanten, von denen je 2^{n-1} parallel und gleich lang sind.

Sind die Vektoren $\mathfrak{a}_\nu$, $\nu = 1, 2, \ldots n$ die verschiedenen Kantenvektoren des Parallelotops und ist Q die Quadratsumme ihrer Normalprojektionen auf eine Gerade g des E_n, so gilt

$$Q = 2^{n-1} \cdot \overline{Q}, \tag{13}$$

wobei Q die entsprechende Quadratsumme der Normalprojektionen der Kanten des Parallelotops bedeutet.

Wir nennen in der Folge den durch die Endpunkte einer Kante eines Polytopes ohne Rücksicht auf seine Orientierung bestimmten Vektor „Kantenvektor". Aus den vorangegangenen Überlegungen folgt nun

Satz 5: *Die Kantenvektoren eines Parallelotops des E_n haben genau dann die Eigenschaft $\mathfrak{P}$, wenn sie gleiche Länge haben und je zwei von ihnen entweder parallel oder normal sind.*

Die n-dimensionalen Analoga des Würfels sind also durch die Eigenschaft $\mathfrak{P}$ unter allen anderen Parallelotopen ausgezeichnet.

Eine ähnliche Aussage läßt sich für die n-dimensionalen Analoga der Oktaeder mit Mittelpunkt, im folgenden kurz *Kreuzpolytope* genannt, gewinnen. Die $2n$ Eckpunkte eines solchen Körpers sind durch die vom Mittelpunkt O ausgehenden Ortsvektoren

$$\pm \mathfrak{a}_\nu, \quad \nu = 1, 2, \ldots n \tag{14}$$

festgelegt. Seine Kanten sind durch die Vektoren

$$\begin{aligned}\pm (\mathfrak{a}_\mu + \mathfrak{a}_\nu) \\ \pm (\mathfrak{a}_\mu - \mathfrak{a}_\nu)\end{aligned} \quad \nu \neq \mu \quad \nu, \mu = 1, 2, \ldots n \tag{15}$$

gegeben. Ist $\mathfrak{a}$ ein beliebiger Vektor des V_n, so gilt für die Quadratsumme T der Normalprojektionen der Kanten auf eine zu $\mathfrak{a}$ parallele Gerade g:

$$T = 4(n-1) \cdot \overline{T}, \tag{16}$$

wobei $\overline{T}$ die Quadratsumme der Normalprojektionen der Vektoren $\mathfrak{a}^\nu$ ($\nu = 1, 2, \ldots n$) auf die Gerade g bedeutet.

Mithin gilt:

Satz 6: *Die Kanten eines n-dimensionalen Kreuzpolytopes des n-dimensionalen euklidischen Raumes E_n besitzen genau dann die Eigenschaft $\mathfrak{P}$, wenn die durch den Mittelpunkt gehenden Diagonalen gleich lang und paarweise orthogonal sind.*

Die *regelmäßigen Kreuzpolytope* des n-dimensionalen euklidischen Raumes E_n sind somit unter allen zu ihnen affinen Polytopen durch die Eigenschaft $\mathfrak{P}$ ausgezeichnet.

c) Wir betrachten $n + 1$ Vektoren $\mathfrak{a}_\nu$ ($\nu = 1, 2, \ldots n + 1$) des V_n, die der Relation

$$\sum_{\nu=1}^{n+1} \mathfrak{a}_\nu = 0 \tag{17}$$

genügen. Diese Vektoren bestimmen im E_n als Ortsvektoren die $(n + 1)$ Eckpunkte eines *Simplex* $\mathfrak{S}_n$, dessen Schwerpunkt im Ursprung des E_n liegt. An anderer Stelle wurde bereits gezeigt (vgl. hiezu [1]), daß die Kanten eines Simplex genau dann die Eigenschaft $\mathfrak{P}$ haben, wenn das Simplex regulär (d. h. regelmäßig) ist. Dieselbe Aussage gilt für die vom Schwerpunkt eines Simplex zu seinen Eckpunkten weisenden Vektoren.

Wir haben unter b) und c) *drei Typen von Polytopen* kennengelernt (nämlich das regelmäßige Simplex, den Hyperwürfel und das regelmäßige Kreuzpolytop), *deren Kanten die Eigenschaft $\mathfrak{P}$ zukommt*. Weiters wurde festgestellt, daß diese Polytope unter allen zu ihnen affinen durch die Eigenschaft $\mathfrak{P}$ ausgezeichnet sind. Ziel unserer weiteren Überlegungen ist der Beweis des folgenden allgemeineren Satzes: *In jeder Affinklasse von n-dimensionalen Polytopen des E_n gibt es ein bis auf Ähnlichkeiten eindeutig bestimmtes Polytop, dessen Kanten die Eigenschaft $\mathfrak{P}$ zukommt.*

3. Wir betrachten abermals ein System $\{\mathfrak{a}_\varkappa\}$ von k Vektoren $\mathfrak{a}_\varkappa$ ($\varkappa = 1, 2, \ldots k$) des V_n und projizieren diese Vektoren normal auf eine Gerade g des E_n. Wir untersuchen nun, in welcher Weise *die verschiedenen Werte der Quadratsumme* der Normalprojektionen dieser Vektoren *auf die Geraden g des E_n verteilt sind.* Dabei können wir uns auf die Geraden eines *Hyperbündels* beschränken, denn eine Parallelverschiebung der Geraden g ändert nichts am Wert der in Rede stehenden Quadratsumme.

Wir beziehen den E_n auf ein kartesisches Normalkoordinatensystem mit dem Ursprung 0. Die Vektoren $\mathfrak{x}$ des V_n repräsentieren dann die von 0 ausgehenden Ortsvektoren der Punkte X des E_n.

Ein Vektor $\mathfrak{a}_\varkappa$ des betrachteten Systems sei durch seine Komponenten

$$\mathfrak{a}_\varkappa = (a_{\varkappa 1}, a_{\varkappa 2}, \ldots a_{\varkappa n}) \tag{18}$$

bestimmt. Die daraus gebildete Matrix

$$\mathfrak{a} = (a_{\varkappa,\lambda}), \quad \begin{matrix} \varkappa = 1, 2, \ldots k \\ \lambda = 1, 2, \ldots n \end{matrix} \tag{19}$$

bezeichnen wir als *Komponentenmatrix* des Vektorsystems $\{\mathfrak{a}_\varkappa\}$.

Ist

$$\mathfrak{x} = (x_1, x_2, \ldots x_n) \tag{20}$$

ein beliebiger Vektor des V_n, so gilt für die inneren Produkte der Vektoren $\mathfrak{x}$ und $\mathfrak{a}_i$ $(i = 1, 2, \ldots k)$

$$\mathfrak{a}_i\, \mathfrak{x} = \sum_{\lambda=1}^{n} a_{i\lambda}\, x_\lambda \tag{21}$$

bzw. für deren Quadrate

$$(\mathfrak{a}_i\, \mathfrak{x})^2 = \sum_{\lambda,\varkappa=1}^{n} a_{i\lambda} \cdot a_{i\varkappa} \cdot x_\lambda \cdot x_\varkappa, \tag{21a}$$

woraus

$$\sum_{i=1}^{k} (\mathfrak{a}_i\, \mathfrak{x})^2 = \sum_{\lambda,\varkappa=1}^{n} x_\lambda \cdot x_\varkappa \cdot \sum_{i=1}^{k} a_{i\lambda} \cdot a_{i\varkappa} \tag{22}$$

folgt.

Bezeichnet man mit $\mathfrak{A}^t$ die Transponierte von $\mathfrak{A}$ und mit $\mathfrak{x}^t$ den zum Zeilenvektor $\mathfrak{x}$ gehörenden Spaltenvektor, so nimmt die quadratische Form aus (22) die Gestalt

$$\sum_{\varkappa,\lambda=1}^{n} x_\lambda \cdot x_\varkappa \cdot \sum_{i=1}^{k} a_{i\lambda} \cdot a_{i\varkappa} = \mathfrak{x} \cdot \mathfrak{A}^t \cdot \mathfrak{A} \cdot \mathfrak{x}^t = (\mathfrak{x}\, \mathfrak{A}^t)^2 \tag{23}$$

an. Ist nämlich ein Zeilenvektor $\mathfrak{y}$ gegeben, für den

$$\mathfrak{y} = \mathfrak{x} \cdot \mathfrak{A}^t \quad \text{bzw.} \quad \mathfrak{y}^t = \mathfrak{A}\, \mathfrak{x}^t \tag{23a}$$

gilt, so ist

$$\mathfrak{y}^2 = \mathfrak{y} \cdot \mathfrak{y}^t = \mathfrak{x} \cdot \mathfrak{A}^t \cdot \mathfrak{A} \cdot \mathfrak{x}^t. \tag{23b}$$

Da die auf der rechten Seite von (22) stehende *quadratische Form* keine negativen Werte annehmen kann, ist sie als *positiv definit bzw. semidefinit* erkannt. Weiters verschwindet diese quadratische Form genau dann, wenn

$$\mathfrak{a}_i \cdot \mathfrak{x} = 0, \quad i = 1, 2, \ldots k \tag{24}$$

gilt. Dieses lineare homogene Gleichungssystem hat genau $n - r$ linear unabhängige Lösungen, wobei r den Rang des Vektorsystems $\{\mathfrak{a}_\varkappa\}$, ($\varkappa = 1, 2, \ldots k$) angibt. Wir haben nun zweckmäßiger Weise zwei Fälle zu unterscheiden:

a) Es gilt: $r = n$.

Das lineare homogene Gleichungssystem (24) hat dann nur die triviale Lösung; damit ist die quadratische Form aus (22) als *positiv definit* gekennzeichnet. Da die Matrix $\mathfrak{A}^t \cdot \mathfrak{A}$ in diesem Falle regulär ist (vgl. hiezu [6]), ist somit durch

$$\mathfrak{x} \cdot \mathfrak{A}^t \cdot \mathfrak{A} \cdot \mathfrak{x}^t = Q \quad (Q > O, \text{ konstant}) \tag{25}$$

ein reguläres Hyperellipsoid $\Phi(Q)$ gegeben.

Mithin erhalten wir

Hilfssatz 1 a: *Gegeben sei ein Vektorsystem $\{\mathfrak{a}_\varkappa\}$, $\varkappa = 1, 2, \ldots k$, des E_n ($n \leq k$) mit dem Rang n. Die Punkte X des E_n, mit deren Ortsvektoren $\mathfrak{x}$ die Vektoren $\mathfrak{a}_\varkappa$ des Systems innere Produkte mit der Quadratsumme Q bestimmen, liegen auf dem durch Gleichung (25) bestimmten Hyperellipsoid $\Phi(Q)$. Die zu verschiedenen Werten von Q gehörenden Hyperflächen $\Phi(Q)$ sind zentrisch ähnlich in bezug auf den Ursprung 0. Weiters verschwindet die Quadratsumme Q nur für den Ortsvektor $\mathfrak{o}$ des Ursprunges 0.*

b) Es gilt: $r < n$

In diesem Fall hat das Gleichungssystem (24) auch nicht triviale Lösungen; diese bilden einen $(n-r)$-dimensionalen linearen Unterraum V_{n-r} des Vektorraumes V_n. In geometrischer Hinsicht sind die Vektoren $\mathfrak{x}^*$ des V_{n-r} als jene Vektoren des V_n charakterisiert, welche zu allen Vektoren $\mathfrak{a}_\varkappa$, $\varkappa = 1, 2, \ldots k$ des betrachteten Vektorsystems $\{\mathfrak{a}_\varkappa\}$ normal sind. Die in Formel (22) aufgetretene quadratische Form verschwindet für alle Vektoren $\mathfrak{x}^*$ des V_{n-r}, während sie für alle anderen Vektoren des V_n einen positiven Wert Q ($\neq 0$) annimmt. Die in Rede stehende quadratische Form ist somit als *positiv semidefinit* erkannt.

Da die Matrix $\mathfrak{A}\,t\mathfrak{A}$ denselben Rang $r < n$ wie das Vektorsystem $\{\mathfrak{a}_\varkappa\}$, $\varkappa = 1, 2, \ldots k$ hat (vgl. hiezu [6]), ist die durch Gleichung (25) gegebene Hyperquadrik $\Phi(Q)$ singulär. Im folgenden soll nun die Art ihres singulären Verhaltens aufgezeigt werden. Die betrachteten Vektoren $\mathfrak{a}_\varkappa$ liegen, da sie nach Voraussetzung den Rang $r < n$ haben, in einem r-dimensionalen linearen Unterraum V_r ($r < n$) des V_n. Da der Rang r des Vektorsystems $\{\mathfrak{a}_\varkappa\}$ mit der Dimension r seines „Trägerraumes" V_r übereinstimmt, kann man den vorhin abgeleiteten Hilfssatz 1 a für $r > 1$ — der Fall $r = 1$ wird gesondert diskutiert werden — zur Ableitung einer Aussage über das Vektorsystem $\{\mathfrak{a}_\varkappa\}$ in seinem Trägerraum V_r heranziehen. Ist nämlich E_r der r-dimensionale Unterraum des E_n, der den Ursprung 0 des E_n enthält und dessen Vektoren den Vektorraum V_r bilden, so liegen die Punkte X', mit deren Ortsvektoren $\mathfrak{x}'$ aus V_r die Vektoren $\mathfrak{a}_\varkappa$, $\varkappa = 1, 2, \ldots k$ innere Produkte der gegebenen Quadratsumme $Q > 0$ bilden, auf einem regulären Hyperellipsoid $\Phi_r(Q)$ des E_r.

Ist weiters $\mathfrak{x}^*$ ein beliebiger Vektor aus dem V_{n-r}, so gilt auf Grund von Formel (24):

$$\mathfrak{a}_\varkappa (\mathfrak{x} + \mathfrak{x}^*) = \mathfrak{a}_\varkappa \cdot \mathfrak{x}, \quad \varkappa = 1, 2, \ldots k. \tag{24a}$$

Dabei ist V_{n-r} der zum Trägerraum V_r der Vektoren $\mathfrak{a}_\varkappa$ normale Vektorraum. Die durch Gleichung (25) gegebene Hyperquadrik $\Phi(Q)$ des E_n enthält daher alle zum E_r normale Geraden des E_n, die das reguläre Hyperellipsoid $\Phi_r(Q)$ des E_r treffen. Die Hyperquadrik $\Phi(Q)$ ist somit als *elliptischer Hyperzylinder* erkannt, der durch Projektion des regulären Hyperellipsoides $\Phi_r(Q)$ des E_r aus der Fernhyperebene der zum E_r normalen Stellung entsteht. Dieser *elliptische Hyperzylinder* $\Phi(Q)$ enthält somit alle zum E_r normalen $(n-r)$-dimensionalen Unterräume des E_n, die mit dem regulären Hyperellipsoid $\Phi_r(Q)$ des E_r mindestens einen Punkt gemeinsam haben; mithin ist der elliptische Hyperzylinder $\Phi(Q)$ als $(n-r)$-fach singuläre Hyperquadrik des E_n gekennzeichnet.

Es gilt der zum Hilfssatz 1 a analoge

Hilfssatz 1 b: *Gegeben sei ein Vektorsystem* $\{\mathfrak{a}_\varkappa\}$, $\varkappa = 1, 2, \ldots k$ *des* V_n *mit dem Rang* r *mit* $n > r > 1$. *Die Punkte* X *des* E_n, *mit deren Ortsvektoren* $\mathfrak{x}$ *die Vektoren* $\mathfrak{a}_\varkappa$ *innere Produkte mit der Quadratsumme* $Q > 0$ *bilden, liegen auf einem* $(n-r)$-*fach singulären elliptischen Hyperzylinder* $\Phi(Q)$ *mit der Gleichung (25). Die zu verschiedenen Werten von* Q *gehörenden elliptischen Hyperzylinder* $\Phi(Q)$ *sind bezüglich des Ursprunges zentrisch ähnlich. Die Ortsvektoren, für welche die betrachtete Quadratsumme* Q *den Wert* 0 *annimmt, erfüllen den zum „Trägerraum"* V_r *des Vektorsystems* $\{\mathfrak{a}_\varkappa\}$ *normalen* $(n-r)$-*dimensionalen Vektorraum* V_{n-r}.

Hat endlich das Vektorsystem $\{\mathfrak{a}_\varkappa\}$ den *Rang* $r = 1$, so sind alle Vektoren $\mathfrak{a}_\varkappa$ zueinander parallel.

Fast unmittelbar erkennt man die Gültigkeit von

Hilfssatz 1 c: *Gegeben sei ein Vektorsystem* $\mathfrak{a}_\varkappa$, $\varkappa = 1, 2, \ldots k$ *des* V_n *mit dem Rang* $r = 1 < n$. *Die Punkte* X *des* E_n, *mit deren Ortsvektoren* $\mathfrak{x}$ *die Vektoren* $\mathfrak{a}_\varkappa$ *innere Produkte mit der Quadratsumme* $Q > 0$ *bilden, liegen in zwei* $(n-1)$-*dimensionalen Hyperebenen* $F_{n-1}^+(Q)$ *und* $F_{n-1}^-(Q)$, *die zu allen Vektoren* $\mathfrak{a}_\varkappa$ *normal sind und einander in der zentrischen Symmetrie am Ursprung* 0 *entsprechen. Die Ortsvektoren, für welche die in Rede stehende Quadratsumme* Q *verschwindet, erfüllen den zu allen Vektoren* $\mathfrak{a}_\varkappa$ *normalen* $(n-1)$-*dimensionalen Unterraum* $F_{n-1}(0)$.

Zusammenfassend gilt demnach, daß die Punkte X des E_n, mit deren Ortsvektoren $\mathfrak{x}$ die Vektoren $\mathfrak{a}_\varkappa$, $\varkappa = 1, 2, \ldots k$ eines gegebenen Systems $\{\mathfrak{a}_\varkappa\}$ innere Produkte mit der Quadratsumme $Q > 0$ bilden, auf einer *Hyperquadrik* $\Phi(Q)$ liegen. Zu verschiedenen positiven Werten von Q gehören Hyperquadriken, die in bezug auf den Ursprung 0 des E_n zentrisch ähnlich sind. Wir unterscheiden *drei Fälle*:

a) *Stimmt der Rang* r des Vektorsystems $\{\mathfrak{a}_\varkappa\}$ *mit der Dimension* n des V_n überein, so sind die Hyperquadriken $\Phi(Q)$ *reguläre Hyperellipsoide*. Die *Quadratsumme* Q verschwindet nur für den Ortsvektor $\mathfrak{o}$ des Urpsrungs 0.

b) *Gilt* $1 < r < n$, so sind die Hyperquadriken $\Phi(Q)$ für $Q > 0$ $(n-r)$-*fach singuläre elliptische Hyperzylinder*, deren „erzeugende Unterräume" E_{n-r} zum Trägerraum V_r des betrachteten Vektorsystems

$\{\mathfrak{a}_\varkappa\}$ normal sind. *Für $Q = 0$ erhält man den zum V_r normalen $(n-r)$-dimensionalen linearen Unterraum $E_{n-r}(0)$, der den Ursprung 0 enthält.*

c) *Ist* schließlich $r = 1 < n$, so zerfällt die Hyperquadrik $\Phi(Q)$ für $Q > 0$ *in zwei $(n-1)$-dimensionale Hyperebenen F_{n-1}^+ und $F_{n-1}^-(Q)$,* die zum Trägerraum V_1 des Vektorsystems $\{\mathfrak{a}_\varkappa\}$ normal sind und einander in einer zentrischen Symmetrie am Ursprung 0 entsprechen. Für $Q = 0$ ergibt sich der zur Richtung von V_1 normale $(n-1)$-*dimensionale Unterraum $F_{n-1}(0)$, der den Ursprung 0 enthält.*

Um im folgenden leichter formulieren zu können, führen wir den Begriff der *elliptischen Hyperquadrik* ein. Wir verstehen darunter entweder ein reguläres Hyperellipsoid oder einen elliptischen Hyperzylinder oder ein Paar paralleler $(n-1)$-dimensionaler Hyperebenen des E_n, die bezüglich des Ursprunges zentrisch symmetrisch sind. Die in den Hilfssätzen 1 a, 1 b und 1 c aufgetretenen Hyperquadriken $\Phi(Q)$ sind somit von elliptischem Typus. Ihre Gleichung ist stets durch Formel (25) gegeben.

Folgerungen:

a) Ist X ein beliebiger Punkt auf der durch Gleichung (25) dargestellten elliptischen Hyperquadrik $\Phi(Q)$ und ist $|\mathfrak{x}| = \mathfrak{x}^2$ sein Abstand vom Ursprung 0, so ist wegen der Relation (22)

$$R = \frac{Q}{|\mathfrak{x}|} \qquad (26)$$

die Quadratsumme der Normalprojektionen der Vektoren $\mathfrak{a}_\varkappa$ auf den durch $[OX]$ bestimmten Durchmesser von $\Phi(Q)$. Die in Rede stehende Quadratsumme R ist mithin genau dann konstant, wenn alle Punkte von $\Phi(Q)$ vom Ursprung 0 denselben Abstand haben.

Somit gilt

Satz 7a: *Ein Vektorsystem $\{\mathfrak{a}_\varkappa\}$, $\varkappa = 1, 2, \ldots k$ des n-dimensionalen euklidischen Raumes E_n hat genau dann die Eigenschaft $\mathfrak{P}$, wenn die im Sinne der Hilfssätze 1 a, 1 b bzw. 1 c zugeordneten Hyperquadriken $\Phi(Q)$ Hyperkugeln sind.*

Hiezu sei bemerkt: Sind die Hyperquadriken $\Phi(Q)$ Hyperkugeln, so hat das Vektorsystem mit Notwendigkeit den Rang n, so daß in Satz 7 a keine explizite Voraussetzung über den Rang des Vektorsystems $\{\mathfrak{a}_\varkappa\}$ gemacht werden muß.

Mit der in Satz 7 a aufgestellten Bedingung äquivalent ist die Forderung, daß die Komponentenmatrix $\mathfrak{A}$ des Vektorsystems $\{\mathfrak{a}_\varkappa\}$ der Relation

$$\mathfrak{A}^t \cdot \mathfrak{A} = \rho \cdot \mathfrak{E} \quad (\rho = \text{konst.}) \tag{27}$$

genügt, wobei $\mathfrak{E}$ die Einheitsmatrix (vgl. hiezu [11] und [12]) ist. Diese Bedingung ist offenbar genau dann erfüllt, wenn die Spaltenvektoren

$$\overline{\mathfrak{a}}_\lambda^t = \left\{ \begin{array}{c} a_{1\lambda} \\ a_{2\lambda} \\ \cdot \\ \cdot \\ \cdot \\ a_{k\lambda} \end{array} \right\}, \quad \lambda = 1, 2, \ldots n \tag{27a}$$

der Komponentenmatrix $\mathfrak{A}$ gleich lang und paarweise orthogonal sind.

Somit haben wir weiters das folgende Kriterium gefunden, nämlich

Satz 7 b: *k Vektoren $\mathfrak{a}_\varkappa$, $\varkappa = 1, 2, \ldots k$ des n-dimensionalen euklidischen Vektorraumes V_n haben genau dann die Eigenschaft $\mathfrak{P}$, wenn die aus den Zeilen $\mathfrak{a}_\varkappa$ gebildete Komponentenmatrix $\mathfrak{A}$ paarweise orthogonale Spaltenvektoren $\overline{\mathfrak{a}}_\lambda^t$ gleicher Länge besitzt.*

Erfüllt ein Vektorsystem die in Satz 7 b aufgestellte Bedingung, so hat es den Rang n, und es erübrigt sich jede Voraussetzung über den Rang des Vektorsystems.

b) Wir betrachten nun den „allgemeinen Fall", daß die in den Hilfssätzen 1 a, 1 b bzw. 1 c aufgetretenen elliptischen Hyperquadriken $\Phi(Q)$ keine Hyperkugeln sind. Hat das betrachtete Vektorsystem $\{\mathfrak{a}_\varkappa\}$ den Rang n und ist a bzw b der maximale bzw. minimale Halbmesser des regulären Hyperellipsoides $\Phi(Q)$, so gilt auf Grund von Formel 26:

$$\frac{Q}{a^2} \leq R \leq \frac{Q}{b^2}, \tag{28a}$$

wobei R wie vorhin die Quadratsumme der Normalprojektionen der Vektoren $\mathfrak{a}_\varkappa$ auf eine beliebige Gerade bedeutet.

Ist hingegen der Rang r des Vektorsystems $\{\mathfrak{a}_\varkappa\}$ kleiner als n, so ist die elliptische Hyperquadrik $\Phi(Q)$ $(n-r)$-fach singulär. Die in (28 a) gefundene Abschätzung bleibt richtig, wenn für den maximalen Halbmesser $a \to \infty$ gesetzt wird. Somit gilt

$$0 \leq R \leq \frac{Q}{b^2}. \tag{28b}$$

Da R mit Q übereinstimmt, sobald

$$\mathfrak{r}^2 = \sum_{i=1}^{n} x_i^2 = 1 \tag{29}$$

gilt, bestimmen die Punkte der durch Gleichung (25) bestimmten Hyperquadrik, für deren Durchmesser die betrachtete Quadratsumme R den Wert Q annimmt, eine *algebraische Mannigfaltigkeit* M_4^{n-2} vierter Ordnung der Dimension $(n-2)$. Die Punkte dieser Mannigfaltigkeiten werden aus dem Ursprung 0 durch Hyperkegel zweiter Ordnung projiziert. Ihre Gleichungen lauten:

$$\mathfrak{r} \cdot (\mathfrak{A}^t \cdot \mathfrak{A} - Q \cdot \mathfrak{E}) \cdot \mathfrak{r}^t = 0, \quad Q = \text{konst.} \tag{30}$$

Die zu verschiedenen Werten von Q gehörenden Hyperkegel mit der Gleichung (30) bilden ein *konzyklisches Büschel*, denn es enthält für $Q \to \infty$ den isotropen Hyperkegel

$$\sum_{i=1}^{n} x_i^2 = 0. \tag{30a}$$

Somit gilt

Satz 8: *Die durch den Ursprung O des E_n gehenden Geraden g des E_n, auf denen die gegebenen Vektoren $\mathfrak{a}_\varkappa$, $\varkappa = 1, 2, \ldots k$ Normalprojektionen mit der vorgegebenen Quadratsumme Q erzeugen, bilden die Erzeugenden eines Hyperkegels $\Gamma(Q)$ von zweiter Ordnung. Die zu verschiedenen positiven Summenwerten Q gehörenden Hyperkegel $\Gamma(Q)$ bilden ein konzyklisches Büschel; sie sind also insbesondere koaxial.*

Ein Hyperkegel zweiter Ordnung mit dem Scheitel O ist durch $\binom{n+1}{2} - 1$ Erzeugende bestimmt, denn die Gleichung eines Hyperkegels zweiter Ordnung mit dem Scheitel O hat die Form

$$\sum_{i,j=1}^{n} a_{ij}\, x_i\, x_j = 0 \qquad (31)$$

und enthält daher — wegen $a_{ij} = a_{ji}$ — $\binom{n+1}{2}$ Konstante.

Auf Grund von Satz 8 gilt mithin

Satz 9: *Ein System von Vektoren* $\mathfrak{a}_\varkappa$, $\varkappa = 1, 2, \ldots k$, *des* V_n *hat die Eigenschaft* $\mathfrak{P}$, *wenn ihre Normalprojektionen auf* $\binom{n+1}{2}$ *Gerade des* E_n, *die durch einen festen Punkt gehen, aber keinem Hyperkegel zweiter Ordnung angehören, dieselbe Quadratsumme besitzen.*

Im Sonderfall des *Simplex* wurde der Inhalt der Sätze 8 und 9 schon an anderer Stelle ausgesprochen (vgl. hiezu [4]).

4. Wir betrachten im E_n eine Punkttransformation der Form:

$$\mathfrak{y} = \mathfrak{x} \cdot \mathfrak{C}. \qquad (32)$$

Dabei bedeuten $\mathfrak{x}$ und $\mathfrak{y}$ Zeilenvektoren mit n Komponenten und $\mathfrak{C}$ eine quadratische nicht singuläre Matrix mit n Spalten. Die Vektoren $\mathfrak{x}$ und $\mathfrak{y}$ legen als Ortsvektoren im E_n zwei Punkte X und Y fest. Die durch (32) vermittelte Abbildung der Punkte $X \to Y$ ist eine Affinität mit dem Fixpunkt O, kurz eine *zentrale Affinität*.

Ist weiters $\mathfrak{u}^t$ ein n-zeiliger Spaltenvektor des V_n, so ist durch

$$\mathfrak{x} \cdot \mathfrak{u}^t = 1 \qquad (33)$$

für festes $\mathfrak{u}^t$ und variables $\mathfrak{x}$ eine $(n-1)$-dimensionale Hyperebene E_{n-1} des E_n gegeben. Offenbar läßt sich jede nicht durch O gehende Hyperebene mit der Dimension $n-1$ in der Form (33) darstellen. $\mathfrak{u}^t$ bezeichnen wir als ihre *Hyperebenenkoordinaten*.

Die Gleichung der affintransformierten Hyperebene lautet:

$$\mathfrak{y} \cdot \mathfrak{C}^{-1} \cdot \mathfrak{u}^t = 1 \qquad (34)$$

bzw.

$$\mathfrak{y} \cdot \mathfrak{v}^t = 1 \quad \text{mit} \quad \mathfrak{v}^t = \mathfrak{C}^{-1} \cdot \mathfrak{u}^t. \qquad (34\,\text{a})$$

Man entnimmt daraus, daß die durch (32) vermittelte zentrale Affinität im Punktraum E_n die Koordinaten der Hyperebenen in der Form

$$\mathfrak{v} = \mathfrak{u} \cdot (\mathfrak{C}^t)^{-1} \qquad (32\,\text{a})$$

transformiert. Damit haben wir bestätigt, daß bei einer zentralen Affinität die Transformation der Punkt- bzw. der Hyperebenenkoordinaten durch *kontragrediente* Matrizen $\mathfrak{C}$ und $(\mathfrak{C}^t)^{-1}$ vermittelt wird. Ist insbesondere $\mathfrak{C}$ eine orthogonale Matrix, so gilt:

$$\mathfrak{C}^t = \mathfrak{C}^{-1} \quad \text{bzw.} \quad \mathfrak{C} = (\mathfrak{C}^t)^{-1}. \tag{35}$$

Bei einer Kongruenztransformation mit dem Fixpunkt O transformieren sich also die Punkt- und Hyperebenenkoordinaten in derselben Weise.

Betrachten wir nun ein System von k Vektoren $\mathfrak{a}_\varkappa$, $\varkappa = 1, 2, \ldots k$ ($k \geqq 1$, *sonst beliebig*) des V_n. Wir bilden nun aus den Zeilenvektoren

$$\mathfrak{a}_\varkappa = (a_{\varkappa,1}, a_{\varkappa,2}, a_{\varkappa,3}, \ldots a_{\varkappa,n}) \tag{36}$$

die Komponentenmatrix

$$\mathfrak{a} = (a_{\varkappa\lambda}), \quad \begin{matrix} \varkappa = 1, 2, \ldots k \\ \lambda = 1, 2, \ldots n \end{matrix} \tag{37}$$

des Vektorsystems $\{\mathfrak{a}_\varkappa\}$.

Auf Grund der Hilfssätze 1 a, 1 b bzw. 1 c liegen die Punkte X des E_n, mit deren Ortsvektoren $\mathfrak{x}$ die Vektoren $\mathfrak{a}_\varkappa$ des betrachteten Systems innere Produkte mit der gegebenen Quadratsumme Q bilden, auf der durch

$$\mathfrak{x} \cdot \mathfrak{A}^t \cdot \mathfrak{A} \cdot \mathfrak{x}^t = Q \tag{38}$$

gegebenen elliptischen Hyperquadrik $\Phi(Q)$.

Wir wollen nun untersuchen, wie sich die elliptische Hyperquadrik $\Phi(Q)$ bei Ausübung einer zentralen Affinität

$$\mathfrak{y} = \mathfrak{x} \cdot \mathfrak{C} \tag{31}$$

auf das Vektorsystem $\{\mathfrak{a}_\varkappa\}$ verhält. Die Bildvektoren $\mathfrak{b}_\varkappa$ sind durch

$$\mathfrak{b}_\varkappa = \mathfrak{a}_\varkappa \cdot \mathfrak{C} \tag{31*}$$

gegeben; ihre Komponentenmatrix $\mathfrak{B}$ hat daher die Form

$$\mathfrak{B} = \mathfrak{A} \cdot \mathfrak{C} \quad \text{bzw.} \quad \mathfrak{B}^t = \mathfrak{C}^t \cdot \mathfrak{A}^t. \tag{39}$$

Die auf Grund der Hilfssätze 1 a, 1 b bzw. 1 c dem Vektorsystem $\{\mathfrak{b}_\varkappa\}$ zugeordnete elliptische Hyperquadrik $\Psi(Q)$ ist somit durch

$$\mathfrak{x} \cdot \mathfrak{B}^t \cdot \mathfrak{B} \cdot \mathfrak{x}^t = \mathfrak{x} \cdot \mathfrak{C}^t \mathfrak{A}^t \cdot \mathfrak{A} \cdot \mathfrak{C} \cdot \mathfrak{x}^t = Q \tag{40}$$

gegeben. Unterwirft man andererseits die elliptische Hyperquadrik
$\Phi\,(Q)$ mit der Gleichung (25) der durch (31) gegebenen zentralen Affinität,
so geht es in die elliptische Hyperquadrik $\Phi^*\,(Q)$ mit der Gleichung:

$$\mathfrak{y} \cdot \mathfrak{C}^{-1} \cdot \mathfrak{A}^t \cdot \mathfrak{A} \cdot (\mathfrak{C}^t)^{-1} \cdot \mathfrak{y}^t = Q \tag{41}$$

über. Die Hyperquadrik $\Phi^*\,(Q)$ und $\Psi\,(Q)$ stimmen also überein, wenn
$\mathfrak{C}$ eine orthogonale Matrix ist (vgl. hiezu 35).

Somit gilt

Satz 10: *Wir betrachten ein System $\{\mathfrak{a}_\varkappa\}$ von k Vektoren $\mathfrak{a}_\varkappa$, $\varkappa = 1, 2, \ldots k$ des V_n. Die auf Grund der Hilfssätze 1 a, 1 b bzw. 1 c zugeordneten Hyperquadriken $\Phi\,(Q)$ sind mit dem Vektorsystem $\{\mathfrak{a}_\varkappa\}$ gegenüber kongruenten Transformationen kovariant verbunden.*

Damit soll ausgesagt werden, daß die Hyperquadriken $\Phi\,(Q)$ bei einer kongruenten Transformation des Vektorsystems $\{\mathfrak{a}_\varkappa\}$ ihre definierende Eigenschaft behalten. Dies ist überdies ziemlich selbstverständlich, da doch das innere Produkt eine metrische Invariante ist.

Anschließend wollen wir eine Aussage über das *Verhalten der elliptischen Hyperquadriken $\Phi\,(Q)$ bei einer allgemeinen zentralen Affinität* machen. Polarisieren wir die Hyperquadrik $\Phi\,(Q)$ an einer konzentrischen *Hyperkugel mit dem Radius i* — sie ist durch die Gleichung

$$\sum_{\nu=1}^{n} x_\nu^2 + 1 = 0 \tag{42}$$

gegeben — so ist die *polarisierte Hyperfläche* $\Phi\,(Q)$ von zweiter Klasse und hat in Hyperebenenkoordinaten die Darstellung:

$$\mathfrak{u} \cdot \mathfrak{A}^t \cdot \mathfrak{A} \cdot \mathfrak{u}^t = Q. \tag{43}$$

Um eine anschauliche Vorstellung von der polarisierten Hyperquadrik $\Phi\,(Q)$ zu geben, unterscheiden wir drei Fälle:

a) *Der Rang r des betrachteten Vektorsystems $\{\mathfrak{a}_\varkappa\}$ stimmt mit der Dimension n des V_n überein.* Vermöge Hilfssatz 1 a sind dem Vektorsystem $\{\mathfrak{a}_\varkappa\}$ reguläre Hyperellipsoide $\Phi\,(Q)$ zugeordnet; diese gehen durch das Polsystem der nullteiligen Hyperkugel (43) in reguläre Hyperellipsoide $\Phi\,(Q)$ über.

b) *Es gilt: $1 < r < n$.*

Auf Grund von Hilfssatz 1 b sind dem Vektorsystem $\{\mathfrak{a}_\varkappa\}$ $(n-r)$-*fach singuläre elliptische Hyperzylinder* zugeordnet. Diese gehen durch das Polarsystem der nullteiligen Hyperkugel (43) in $(n-r)$-*fach singuläre Hyperflächen zweiter Klasse* über; als Punktort betrachtet handelt es sich um r-dimensionale reguläre Hyperellipsoide.

c) *Es gilt:* $r = 1 < n$.

Auf Grund von Hilfssatz 1 c sind dem Vektorsystem $\{\mathfrak{a}_\varkappa\}$ zwei parallele $(n-1)$-dimensionale Hyperebenen $F_{n-1}^+(Q)$ und $F_{n-1}^-(Q)$ zugeordnet. Durch das Polarsystem der Hyperkugel (43) gehen sie in zwei Punkte über, die bezüglich des Ursprunges O symmetrisch sind. Die polare Hyperquadrik $\overline{\Phi}(Q)$ zerfällt in zwei Hyperbündeln von Hyperebenen, deren Träger diese beiden Punkte sind.

Unterwerfen wir nun die Hyperquadrik $\overline{\Phi}(Q)$ der durch Gleichung (31) gegebenen zentralen Affinität, so geht sie in eine Hyperquadrik $\overline{\Phi}^*(Q)$ mit der Gleichung:

$$\mathfrak{v} \cdot \mathfrak{C}^t \cdot \mathfrak{A}^t \cdot \mathfrak{A} \cdot \mathfrak{C} \cdot \mathfrak{v}^t = Q \qquad (44)$$

über. Die zuletzt erhaltene Hyperquadrik $\overline{\Phi}^*(Q)$ ist mithin zu $\Psi(Q)$ bezüglich der durch (42) gegebenen nullteiligen Hyperkugel polar. Bei einer zentralen Affinität sind somit die Hyperflächen $\Phi(Q)$ selbst mit dem Vektorsystem $\{\mathfrak{a}_\varkappa\}$ nicht kovariant verbunden, wohl aber behalten die bezüglich einer nullteiligen konzentrischen Hyperkugel mit dem Radius i polaren Hyperquadriken $\overline{\Phi}(Q)$ ihre charakteristische Eigenschaft. Um im folgenden leichter formulieren zu können, werden wir die Hyperquadriken $\Phi(Q)$ als die dem Vektorsystem $\{\mathfrak{a}_\varkappa\}$ im Sinne der Hilfssätze 1 a, 1 b bzw. 1 c zugeordneten *polaren Hyperquadriken* $\Phi(Q)$ bezeichnen.

Mithin gilt

Satz 11: *Wird ein Vektorsystem $\{\mathfrak{a}_\varkappa\}$ des V_n einer zentralen Affinität unterworfen, so sind die vermöge der Hilfssätze 1 a, 1 b bzw. 1 c zugeordneten Hyperquadriken $\Phi(Q)$ kontravariant mit dem Vektorsystem $\{\mathfrak{a}_\varkappa\}$ verbunden. Damit bringen wir zum Ausdruck, daß die dem*

Vektorsystem $\{\mathfrak{a}_\varkappa\}$ *im Sinne der Hilfssätze 1 a, 1 b bzw. 1 c zugeordneten polaren Hyperquadriken* $\overline{\Phi}\,(Q)$ *mit dem Vektorsystem* $\{\mathfrak{a}_\varkappa\}$ *gegenüber affinen Transformationen kovariant verbunden sind.*

Weiters gilt

Satz 12: *Jede kongruente Automorphie eines Vektorsystems* $\{\mathfrak{a}_\varkappa\}$ *führt auch jede der im Sinne der Hilfssätze 1 a, 1 b bzw. 1 c zugeordnete Hyperquadrik* $\Phi\,(Q)$ *in sich über.*

Diese Feststellung ist eine Folge von Satz 10, denn die in Rede stehenden elliptischen Hyperquadriken $\Phi\,(Q)$ behalten bei kongruenten Transformationen des Vektorsystems $\{\mathfrak{a}_\varkappa\}$ ihre definierende Eigenschaft.

Ebenso zeigt man

Satz 13: *Jede affine Automorphie eines Vektorsystems* $\{\mathfrak{a}_\varkappa\}$ *führt alle im Sinne der Hilfssätze 1 a, 1 b bzw. 1 c zugeordneten polaren Hyperquadriken* $\overline{\Phi}\,(Q)$ *in sich über.*

Jede affine Automorphie eines Vektorsystems $\{\mathfrak{a}_\varkappa\}$ geht also vermöge der Polarität an der nullteiligen Hyperkugel mit der Gleichung (42) in eine affine Automorphie der im Sinne der Hilfssätze 1 a, 1 b bzw. 1 c dem Vektorsystem $\{\mathfrak{a}_\varkappa\}$ zugeordneten elliptischen Hyperquadriken $\Phi\,(Q)$ über. Die Matrizen der beiden Affinitäten sind offenbar zueinander kontragredient, d. h. sie gehen durch Invertierung und Transposition ineinander über.

Weiters gilt

Satz 14: *Ein Vektorsystem* $\{\mathfrak{a}_\varkappa\}$ *mit der Eigenschaft* $\mathfrak{P}$ *besitzt keine affinen Automorphien, die nicht zugleich Kongruenztransformationen sind.*

Hat nämlich ein Vektorsystem $\{\mathfrak{a}_\varkappa\}$ die Eigenschaft $\mathfrak{P}$, so sind die vermöge der Hilfssätze 1 a, 1 b bzw. 1 c zugeordneten polaren Hyperquadriken $\Phi\,(Q)$ Hyperkugeln und jede ihrer affinen Automorphien ist zugleich eine Kongruenztransformation. Auf Grund von Satz 13 bestimmt jede affine Automorphie des betrachteten Vektorsystems $\{\mathfrak{a}_\varkappa\}$ auch eine affine Automorphie der im Sinne der Hilfssätze

1 a, 1 b bzw. 1 c zugeordneten polaren Hyperquadrik $\overline{\Phi}(Q)$, womit der Beweis für Satz 14 erbracht ist.

Zusammenfassend kann festgestellt werden, daß sich *jedem Vektorsystem* $\{\mathfrak{a}_\varkappa\}$ *des* V_n *mit dem Rang* n auf Grund von Hilfssatz 1 a eine Büschelschar homothetischer und konzentrischer Hyperellipsoide $\Phi(Q)$, also *eine nullteilige Fern-Hyperquadrik* F (der Dimension $n-2$) zuordnen läßt. Durch das Polarsystem der absoluten Hyperfläche I des E_n geht diese Fern-Hyperquadrik F in eine nullteilige unendlichferne Hyperquadrik $\overline{F}$ (mit der Dimension $n-2$) über, die auf Grund von Satz 11 mit dem Vektorsystem $\{\mathfrak{a}_\varkappa\}$ kovariant verbunden ist. Ein Vektorsystem $\{\mathfrak{a}_\varkappa\}$ hat weiters genau dann die Eigenschaft $\mathfrak{P}$, wenn die ihm zugeordnete unendlichferne Hyperquadrik F (oder $\overline{F}$) mit der absoluten Hyperfläche I des E_n übereinstimmt.

5. Wir definieren zunächst den naheliegenden Begriff der *Affinklasse* eines Vektorsystems $\{\mathfrak{a}_\varkappa\}$, und zwar verstehen wir darunter die Gesamtheit aller Vektorsysteme $\{\mathfrak{a}_\varkappa{}^*\}$ des V_n, die sich durch eine nicht singuläre Affinität ineinander überführen lassen. Daraus folgt sofort, daß alle Vektorsysteme derselben Affinklasse denselben Rang haben.

Aus den vorhin abgeleiteten Ergebnissen folgern wir nun

Satz 15: *In jeder Affinklasse von Vektorsystemen des* V_n, *deren Rang* n *mit der Dimension des Vektorraumes* V_n *übereinstimmt, gibt es ein bis auf Ähnlichkeiten eindeutig bestimmtes System, das die Eigenschaft* $\mathfrak{P}$ *besitzt.*

Vorerst zeigen wir, daß es in jeder Affinklasse von Vektorsystemen solche mit der Eigenschaft $\mathfrak{P}$ gibt. Gegeben sei ein beliebiges Vektorsystem $\{\mathfrak{a}_\varkappa\}$ mit dem Rang n; $\Phi(Q)$ sei ein auf Grund von Hilfssatz 1 a zugeordnetes Hyperellipsoid. Das gleichfalls nicht singuläre polare Hyperellipsoid $\overline{\Phi}(Q)$ kann durch eine nicht singuläre Affinität in eine Hyperkugel übergeführt werden. Diese Affinität führt das gegebene Vektorsystem $\{\mathfrak{a}_\varkappa\}$ in eines derselben Affinklasse über, dem auf Grund der Sätze 7 a und 11 die Eigenschaft $\mathfrak{P}$ zukommt.

Wir betrachten nun zwei Vektorsysteme $\{\mathfrak{a}_\varkappa\}$ und $\{\mathfrak{a}^*_\varkappa\}$ derselben Affinklasse, denen die Eigenschaft $\mathfrak{P}$ zukommt. Ihre auf Grund des Hilfssatzes 1 a zugeordneten polaren Hyperellipsoide $\overline{\Phi}(Q)$ und

$\Phi^*(Q)$ sind vermöge von Satz 7a Hyperkugeln. Die Affinität, die das Vektorsystem $\{\mathfrak{a}_\varkappa\}$ in das System $\{\mathfrak{a}^*_\varkappa\}$ überführt, bildet $\overline{\Phi}(Q)$ auf $\overline{\Phi}^*(Q)$ ab. Da $\overline{\Phi}(Q)$ und $\overline{\Phi}^*(Q)$ Hyperkugeln sind, ist die in Rede stehende Affinität notwendig eine Ähnlichkeit. Damit ist Satz 15 bewiesen.

6. Anschließend geben wir einen weiteren Beweis für Satz 15. Die dazu verwendeten Überlegungen geben überdies einen praktisch gangbaren Weg an, um die in einer Affinklasse enthaltenen Vektorsysteme $\mathfrak{V} = \{\mathfrak{a}_\varkappa\}$, $\varkappa = 1, 2, \ldots k$ mit der Eigenschaft $\mathfrak{P}$ explizit zu bestimmen.

Wir betrachten ein *Vektorsystem* $\mathfrak{V} = \{\mathfrak{a}_\varkappa\}$, $\varkappa = 1, 2, \ldots k$ des V_n mit dem Rang n. Weiters bilden wir aus den Zeilen

$$\mathfrak{a}_\varkappa = (a_{\varkappa 1}, a_{\varkappa 2}, \ldots, a_{\varkappa n}) \quad \varkappa = 1, 2, \ldots k \tag{45}$$

die *Komponentenmatrix*

$$\mathfrak{A} = (a_{\varkappa, \lambda}), \quad \begin{matrix} \varkappa = 1, 2, \ldots k \\ \lambda = 1, 2, \ldots n \end{matrix}. \tag{46}$$

Ihre Spalten bestimmen n Vektoren

$$\overline{\mathfrak{a}}_\lambda = (a_{1\lambda}, a_{2\lambda}, \ldots a_{k\lambda}), \quad \lambda = 1, 2, \ldots n \tag{47}$$

eines k-dimensionalen ($k \geq n$) Vektorraumes U_k, den wir ebenfalls mit einer euklidischen Metrik versehen. Da die Komponentenmatrix $\mathfrak{A}$ voraussetzungsgemäß den Rang n hat, sind die n Vektoren $\overline{\mathfrak{a}}_\lambda$ im U_k linear unabhängig. *Durch das vorhin durchgeführte Verfahren können wir also jedem Vektorsystem $\mathfrak{V}$ mit dem Rang n des V_n ein nicht ausgeartetes n-Bein $\{\overline{\mathfrak{a}}_\lambda\}$ ($k \geq n$) des U_k zuordnen.* Für dieses n-Bein führen wir die Bezeichnung $T(\mathfrak{V})$ ein.

Die n Vektoren $\overline{\mathfrak{a}}_\lambda$ erzeugen, da sie doch linear unabhängig sind, einen n-dimensionalen Vektorraum U_n, der im Vektorraum U_k ($k \geq n$) enthalten ist. Zwischen den Komponenten jedes Vektors

$$\mathfrak{y} = (y_1, y_2, \ldots y_k) \tag{48}$$

der im U_n enthalten ist, bestehen demnach $k - n$ lineare Gleichungen

$$\sum_{j=1}^{k} c_{ij} \cdot y_j = 0, \quad i = 1, 2, \ldots k - n, \tag{49}$$

von denen wir weiters verlangen können, daß sie linear unabhängig sind und daß sich jede weitere lineare Relation

$$\sum_{j=1}^{k} d_j \cdot y_j = 0 \tag{50}$$

die für die Komponenten aller Vektoren $\mathfrak{y}$ des U_n gilt, aus den Gleichungen (49) durch lineare Kombination herleiten läßt. Da weiters alle Vektoren $\mathfrak{y}$ des U_n aus den „Basisvektoren" $\overline{\mathfrak{a}_\lambda}$, $\lambda = 1, 2, \ldots n$ linear komponierbar sind, gilt jede lineare Relation, die für die Komponenten aller $\overline{\mathfrak{a}_\lambda}$ erfüllt ist, auch für die Komponenten eines beliebigen Vektors $\mathfrak{y}$ aus dem U_n. Die Relation (50) ist also äquivalent mit der im System der Vektoren $\mathfrak{a}_\varkappa$, $\varkappa = 1, 2, \ldots k$ bestehenden Relation

$$\sum_{j=1}^{k} d_j \cdot \mathfrak{a}_j = 0. \tag{50a}$$

Gehen wir andererseits von einer linearen Relation der Vektoren $\mathfrak{a}_\varkappa$, $\varkappa = 1, 2, \ldots k$

$$\sum_{\varkappa=1}^{k} e_\varkappa \cdot \mathfrak{a}_\varkappa = 0 \tag{51}$$

aus, so gilt diese Relation für alle ihre Komponenten, d. h. es gelten die Gleichungen:

$$\sum_{\varkappa=1}^{k} e_\varkappa \cdot a_{\varkappa\lambda} = 0, \quad \lambda = 1, 2, \ldots n. \tag{52}$$

Jeder Vektor $\mathfrak{y}$ aus U_n besitzt demnach Komponenten y_i, für die

$$\sum_{\varkappa=1}^{k} e_\varkappa \cdot y_\varkappa = 0 \tag{53}$$

erfüllt ist. Da die Relationen (49) weiters für alle Vektoren $\overline{\mathfrak{a}_\lambda}$ aus U_n erfüllt sind, genügen die Vektoren $\mathfrak{a}_\varkappa$ den Relationen:

$$\sum_{\varkappa=1}^{k} c_{i\varkappa} \cdot \mathfrak{a}_\varkappa = 0, \quad i = 1, 2, \ldots k-n. \tag{54}$$

Somit gilt

Hilfssatz 2: *Gegeben sei ein System $\mathfrak{V}$ von k Vektoren $\mathfrak{a}_\varkappa$, $\varkappa = 1, 2, \ldots k$ des V_n mit dem Rang n. Genügen die Vektoren $\mathfrak{a}_\varkappa$ der linearen Relation*

$$\sum_{\varkappa=1}^{k} d_\varkappa \cdot \mathfrak{a}_\varkappa = 0, \tag{50a}$$

so ist für die Komponenten der im zugeordneten Vektorraum U_n liegenden Vektoren $\mathfrak{y} = (y_1, y_2, \ldots y_n)$ die Beziehung

$$\sum_{\varkappa=1}^{k} d_\varkappa \cdot y_\varkappa = 0 \tag{50}$$

erfüllt und umgekehrt.

Ferner gilt

Hilfssatz 3: *Gegeben sei ein Vektorsystem $\mathfrak{V}$ von k Vektoren $\mathfrak{a}_\varkappa$, $\varkappa = 1, 2, \ldots k$ des V_n mit dem Rang $n \leq k$. Zwischen den Vektoren $\mathfrak{a}_\varkappa$ bestehen (k — n) lineare Relationen*

$$\sum_{\varkappa=1}^{k} c_{i\varkappa} \mathfrak{a}_\varkappa = 0, \quad i = 1, 2, \ldots k - n. \tag{49}$$

der Art, daß sie linear unabhängig sind und sich jede weitere lineare Relation, die zwischen den Vektoren $\mathfrak{a}_\varkappa$ besteht, aus ihnen linear komponieren läßt.

Betrachten wir weiters zwei Vektorsysteme $\mathfrak{V}$ und $\mathfrak{W}$ derselben Affinklasse, und zwar sei ausdrücklich vorausgesetzt, daß $\mathfrak{V}$ und $\mathfrak{W}$ den Rang n haben und durch eine reguläre Affinität ineinander übergehen, so ist jede lineare Relation, die für die Vektoren von $\mathfrak{V}$ gilt, auch für die entsprechenden Vektoren von $\mathfrak{W}$ erfüllt und umgekehrt. Insbesondere haben also $\mathfrak{V}$ und $\mathfrak{W}$ denselben Rang n. Weiters gehören zwei Vektorsysteme des V_n, für welche dieselben linearen Relationen gelten, zur selben Affinklasse.

Mithin gilt

Hilfssatz 4: *Allen Vektorsystemen $\mathfrak{V}$ des V_n mit dem Rang n, die derselben Affinklasse angehören, sind n-Beine $T(\mathfrak{V})$ des U_k zugeordnet, die demselben Unterraum U_n des U_k angehören und umgekehrt.*

Damit haben wir eine Zuordnung gefunden, bei der den Affinklassen von Vektorsystemen $\mathfrak{V}$ mit dem Rang n des V_n ein eindeutig bestimmter Vektorraum U_n entspricht und umgekehrt.

Die soeben abgeleiteten Hilfsmittel verwenden wir nun zu einem *weiteren Beweis des Satzes* 15. Gegeben sei eine Affinklasse von Vektorsystemen $\mathfrak{V}$ des V_n mit dem Rang n. Wählen wir in dem der Affinklasse zugeordneten Vektorraum U_n ein n-Bein mit gleich langen und paarweise orthogonalen Schenkeln, so entspricht ihm im V_n auf Grund von Satz 7 b ein Vektorsystem $\mathfrak{V}^*$ mit der Eigenschaft $\mathfrak{P}$. Hilfssatz 4 besagt nun, daß das Vektorsystem $\mathfrak{V}^*$ derselben Affinklasse angehört wie das Ausgangssystem $\mathfrak{V}$. Somit haben wir gezeigt, daß *es in jeder Affinklasse von Vektorsystemen des V_n mit dem Rang n, solche mit der Eigenschaft $\mathfrak{P}$ gibt*.

Wir betrachten nun in einer Affinklasse zwei Vektorsysteme $\mathfrak{V}^*$ und $\mathfrak{W}^*$ mit der Eigenschaft $\mathfrak{P}$. Auf Grund von Satz 1 haben alle Vektorsysteme dieser Affinklasse den Rang n. Aus Satz 7 b folgert man, daß die Komponentenmatrizen $\mathfrak{A}$ und $\mathfrak{B}$ der Systeme $\mathfrak{V}^*$ und $\mathfrak{W}^*$ paarweise orthogonale und gleich lange Spaltenvektoren besitzen. Durch Anwendung einer zentrischen Ähnlichkeit ist stets zu erreichen, daß die Schenkellänge der $\mathfrak{V}^*$ und $\mathfrak{W}^*$ zugeordneten n-Beine $T(\mathfrak{V}^*)$ und $T(\mathfrak{W}^*)$ übereinstimmt. Auf Grund von Hilfssatz 4 liegen die den Vektorsystemen $\mathfrak{V}^*$ und $\mathfrak{W}^*$ zugeordneten n-Beine in demselben Vektorraum U_n. Sind weiters $\overline{\mathfrak{a}}_\lambda$ bzw. $\overline{\mathfrak{b}}_\lambda$, $\lambda = 1, 2, \ldots n$ die Spaltenvektoren der Komponentenmatrizen $\mathfrak{A}$ bzw. $\mathfrak{B}$ von $\mathfrak{V}^*$ bzw. $\mathfrak{W}^*$, so bestimmen sie im U_n die Schenkel der in Rede stehenden n-Beine $T(\mathfrak{V}^*)$ und $T(\mathfrak{W}^*)$. Da die beiden n-Beine $T(\mathfrak{V}^*)$ und $T(\mathfrak{W}^*)$ paarweise orthogonale Schenkel gleicher Länge besitzen, gilt

$$\mathfrak{a}_\lambda = \sum_{j=1}^{n} o_{\lambda j} \mathfrak{b}_j, \quad \lambda = 1, 2, \ldots n, \qquad (54^*)$$

wobei die

$$(o_{\lambda, j}) \quad \lambda, j = 1, 2, \ldots n \qquad (54a^*)$$

eine orthogonale Matrix $\mathfrak{O}$ bestimmen. Die Glieder der Komponentenmatrizen $\mathfrak{A}$ und $\mathfrak{B}$ von $\mathfrak{V}^*$ und $\mathfrak{W}^*$ genügen somit den Relationen:

$$a_{i\lambda} = \sum_{j=1}^{n} o_{\lambda j} b_{ij}. \qquad (55)$$

Wir berechnen nun das innere Produkt der Vektoren $\mathfrak{a}_p$ und $\mathfrak{a}_q$ aus $\mathfrak{V}^*$. Es gilt:

$$\mathfrak{a}_p \cdot \mathfrak{a}_q \sum_{j,j'=1}^{n} \mathfrak{b}_{pj} \cdot \mathfrak{b}_{qj'} \cdot \sum_{\lambda=1}^{n} o_{\lambda j} o_{\lambda j'} = \mathfrak{b}_p \cdot \mathfrak{b}_q, \tag{56}$$

da

$$\sum_{\lambda=1}^{n} o_{\lambda j} \cdot o_{\lambda j'} = \begin{cases} 0 & \text{für} \quad j \neq j' \\ 1 & \phantom{\text{für}} \quad j = j'. \end{cases} \tag{57}$$

gilt. Demnach bestimmen also zwei Vektoren $\mathfrak{a}_\varkappa$ aus $\mathfrak{V}^*$ dasselbe innere Produkt wie die entsprechenden Vektoren $\mathfrak{b}_\varkappa$ aus $\mathfrak{W}^*$. Die Affinität, die $\mathfrak{V}^*$ und $\mathfrak{W}^*$ ineinander überführt, ist mithin mit Notwendigkeit eine Kongruenztransformation. Damit ist Satz 15 neuerlich bestätigt. Diese Betrachtungen dienen zugleich zur Vorbereitung von Anwendungen, auf die bei anderer Gelegenheit noch näher eingegangen wird.

Wir wollen nun zeigen, wie die vorangegangenen Überlegungen zur Bestimmung der in einer Affinklasse enthaltenen Vektorsysteme $\mathfrak{V}^*$ mit der Eigenschaft $\mathfrak{P}$ verwendet werden können. Ist ein Vektorsystem $\mathfrak{V}$ des V_n mit dem Rang n gegeben, so genügen die Vektoren $\mathfrak{a}_\varkappa$, $\varkappa = 1, 2, \ldots k > n$ des Vektorsystems $\mathfrak{V}$ $(k-n)$ linearen Relationen (54) von der Art, daß sie linear unabhängig sind und sich jede weitere Relation (50a), die für die Vektoren $\mathfrak{a}_\varkappa$ erfüllt ist, aus den Relationen (54) linear kombinieren läßt. Das Gleichungssystem (49) besitzt weiters n linear unabhängige Lösungsvektoren $\mathfrak{y}_\nu$, $\nu = 1, 2, \ldots n$. Aus diesen Vektoren $\mathfrak{y}_\nu$ können wir durch ein Orthogonalisierungsverfahren ein orthonormiertes n-tupel von Lösungsvektoren $\mathfrak{y}_\nu^*$ gewinnen. Die aus den Spaltenvektoren $\mathfrak{y}_\nu^{*t}$ gebildete Matrix $\mathfrak{A}$ ist die Komponentenmatrix eines Vektorsystems $\mathfrak{V}^*$ mit der Eigenschaft $\mathfrak{P}$, das derselben Affinklasse wie das gegebene Vektorsystem $\mathfrak{V}$ angehört.

7.

Abschließend wollen wir uns damit beschäftigen, die für die Normalprojektion von Vektorsystemen des V_n gefundenen Ergebnisse auf die *Polytope* des E_n zu übertragen. Wir betrachten ein Polytop Π des E_n. Wir sagen, das Polytop Π habe die *Dimension* d, wenn jeder lineare Unterraum E_q des E_n, der das Polytop Π enthält, eine Dimension $q \geq d$ besitzt. Insbesondere hat ein Polytop Π die Dimension n, wenn es in keinem echten linearen Unterraum E_q des E_n enthalten ist.

Sind zwei Eckpunkte P_μ und P_ν des Polytopes Π durch eine Kante verbunden, so bestimmen sie einen Vektor $\mathfrak{a}_{\mu\nu} = \overrightarrow{P_\mu P_\nu}$, dessen Orientierung noch beliebig gewählt werden kann. Auf diese Weise ist es möglich, jedem Polytop Π des E_n ein Vektorsystem $\mathfrak{V}(\Pi)$, nämlich das seiner *Kantenvektoren* zuzuordnen.

Wir beweisen zunächst

Hilfssatz 5: *Gegeben sei ein Polytop Π des E_n. Die Dimension d des Polytopes stimmt mit dem Rang des Systems $\mathfrak{V}(\Pi)$ seiner Kantenvektoren $\mathfrak{a}_{\mu\nu}$ überein.*

Den Beweis führen wir in zwei Schritten. Wir gehen von einem Polytop Π mit der Dimension d aus. Dieses Polytop ist somit in einem d-dimensionalen linearen Unterraum E_d des E_n enthalten. Die Vektoren des E_d bilden einen gleichfalls d-dimensionalen Unterraum V_d des V_n. Da die Kantenvektoren $\mathfrak{a}_{\mu\nu}$ von Π im V_d enthalten sind, gilt für ihren Rang r:

$$r \leq d. \tag{58a}$$

Hat andererseits ein Polytop Π mit den Eckpunkten P_σ ($\sigma = 1, 2, \ldots s$) Kantenvektoren, die in ihrer Gesamtheit den Rang r besitzen, so sind die Vektoren

$$\mathfrak{p}_\sigma = \overrightarrow{P_1 P_\sigma}, \quad \sigma = 2, 3, \ldots s \tag{59}$$

als Linearkombinationen gewisser Kantenvektoren $\mathfrak{a}_{\mu\nu}$ in einem r-dimensionalen Vektorraum V_r enthalten. Ist ferner E_r der r-dimensionale lineare Unterraum des E_n, der den Punkt P_1 und die Vektoren des V_r enthält, so ist E_r ein Trägerraum des Polytopes Π. Somit gilt:

$$d \leq r. \tag{58b}$$

Aus den Relationen (58a, b) folgt die behauptete Gleichheit:

$$r = d. \tag{58}$$

Mithin gilt insbesondere

Hilfssatz 5a: *Hat ein Polytop des n-dimensionalen euklidischen Raumes E_n die Dimension n, so hat das System $\mathfrak{V}(\Pi)$ seiner Kantenvektoren den Rang n und umgekehrt.*

Projiziert man die Kante $P_\mu P_\nu$ eines Polytopes Π normal auf eine Gerade g des E_n, so stimmt die Länge ihrer Normalprojektion mit der Länge der auf g vorhandenen Normalprojektion des Kantenvektors $\mathfrak{a}_{\mu\nu}$ überein. Wir geben folgende *Definition; Ein Polytop Π des E_n habe die Eigenschaft $\mathfrak{P}$, wenn die Quadratsumme der Normalprojektionen seiner Kanten auf eine beliebige Gerade g des E_n eine von der Richtung von g unabhängige Quadratsumme besitzt.* Damit gleichbedeutend ist die Aussage, daß dem System $\mathfrak{V}(\Pi)$ seiner Kantenvektoren die Eigenschaft $\mathfrak{P}$ zukommt.

Mithin sind wir in der Lage, aus einer Reihe von Sätzen, die wir für die Normalprojektionen von Vektorsystemen $\mathfrak{V}$ des n-dimensionalen euklidischen Vektorraum V_n abgeleitet haben, *gleichwertige Aussagen für die Polytope Π des n-dimensionalen euklidischen Raumes E_n* herzuleiten.

Es gilt (vgl. hiezu Satz 1)

Satz 1*: *Ein Polytop Π des n-dimensionalen euklidischen Raumes E_n, dessen Dimension d kleiner als n ist, kann nicht die Eigenschaft $\mathfrak{P}$ besitzen.*

Weiters findet man (vgl. hiezu Satz 2 und 7 ab)

Satz 2*: *Ein Polytop Π des n-dimensionalen euklidischen Raumes E_n mit der Dimension n, hat genau dann die Eigenschaft $\mathfrak{P}$, wenn das System seiner Kantenvektoren $\mathfrak{a}_{\mu\nu}$ eine Komponentenmatrix $\mathfrak{A}$ besitzt, die der Relation*

$$S \cdot \mathfrak{G} = \mathfrak{G}^2 \text{ mit } S = \text{konst. und } \mathfrak{G} = \mathfrak{A} \cdot \mathfrak{A}^t \tag{60}$$

genügt

und

Satz 7*: *Ein Polytop Π des E_n hat genau dann die Eigenschaft $\mathfrak{P}$, wenn seine Kantenvektoren $\mathfrak{a}_{\mu\nu}$ eine Komponentenmatrix $\mathfrak{A}$ mit paarweise orthogonalen und gleich langen Spaltenvektoren bestimmen. Damit gleichbedeutend ist die Forderung, daß die dem Polytop im Sinne der Hilfssätze 1a, 1b bzw. 1c zugeordneten elliptischen Hyperquadriken $\Phi(Q)$ Hyperkugeln sind.*

Die in Satz 7* an das Polytop gestellten Forderungen bewirken, daß das Polytop mit Notwendigkeit die Dimension n besitzt, so daß in Satz 7 keine explizite Voraussetzung über die Dimension des Polytopes gemacht werden muß.

Aus den Sätzen 8 und 9 folgt weiters

Satz 8*: *Gegeben sei ein Polytop Π des E_n, dem nicht die Eigenschaft $\mathfrak{P}$ zukommt. Die durch den Ursprung 0 gehenden Geraden g des E_n, auf denen die Kanten $\overline{P_\mu P_\nu}$ des Polytopes Π Normalprojektionen mit der gegebenen positiven Quadratsumme Q bestimmen, erfüllen einen Hyperkegel $\Gamma(Q)$ von zweiter Ordnung. Die zu verschiedenen positiven Werten von Q gehörenden Hyperkegel $\Gamma(Q)$ bilden ein konzyklisches Büschel; sie sind also insbesondere koaxial*

und

Satz 9*: *Bestimmen die Kanten $\overline{P_\mu P_\nu}$ eines Polytopes Π des n-dimensionalen euklidischen Raumes E_n auf $\binom{n+1}{2}$ Geraden des E_n, die durch einen Punkt gehen, aber keinem Hyperkegel zweiter Ordnung angehören, Normalprojektionen mit derselben Quadratsumme Q, so hat das Polytop die Eigenschaft $\mathfrak{P}$.*

Schließlich folgert man aus den Sätzen 12, 13 und 14

Satz 12*: *Jede kongruente Automorphie eines Polytopes Π führt auch die im Sinne der Hilfssätze 1a, 1b bzw. 1c zugeordnete elliptische Hyperquadrik $\Phi(Q)$ in sich über*

und

Satz 13*: *Jede affine Automorphie eines Polytopes Π führt auch die im Sinne der Hilfssätze 1a, 1b bzw. 1c zugeordnete polare Hyperquadrik $\Phi(Q)$ in sich über*

und

Satz 14*: *Ein Polytop Π des E_n mit der Eigenschaft $\mathfrak{P}$ besitzt keine affine Automorphie, die nicht zugleich Kongruenztransformation ist.*

Wir führen nun den Begriff der *Affinklasse von Polytopen* ein, und zwar verstehen wir darunter die Gesamtheit aller Polytope des E_n, die sich durch eine reguläre Affinität im E_n ineinander überführen lassen. Dabei können wir uns abgesehen von Parallelverschiebungen auf *zentrale Affinitäten* beschränken. Orientiert man die in den Kanten $\overline{P_\mu P_\nu}$ eines Polytopes Π liegenden Vektoren $\mathfrak{a}_{\mu\nu}$ in bestimmter Weise, so überträgt sich diese Orientierung durch die Anwendung der regulären

Affinitäten auf alle Polytope derselben Affinklasse. *Die Vektorsysteme* $\mathfrak{a}$ (Π), *die von den geeignet orientierten Kanten aller Polytope* Π *einer Affinklasse gebildet werden, gehören somit selbst einer Affinklasse an.*

Betrachten wir nun ein n-dimensionales Polytop Π des n-dimensionalen euklidischen Raumes E_n und das System $\mathfrak{V}$ (Π) seiner Kantenvektoren $\mathfrak{a}_{\mu\nu} = \overrightarrow{P_\mu P_\nu}$. Da das Vektorsystem $\mathfrak{V}$ (Π) des n-dimensionalen euklidischen Vektorraumes V_n auf Grund von Hilfssatz 5a den Rang n hat, gibt es in der von ihm erzeugten Affinklasse Vektorsysteme $\mathfrak{V}^*$ mit der Eigenschaft $\mathfrak{P}$. Die reguläre zentrale Affinität, die $\mathfrak{V}$ (Π) auf $\mathfrak{V}^*$ abbildet, führt das Polytop Π in ein Polytop Π* über, dessen Kantenvektoren $\mathfrak{a}^*_{\mu\nu}$ das System $\mathfrak{V}^* = \mathfrak{V}^*$ (Π*) bilden. Dem Polytop Π* kommt also selbst die Eigenschaft $\mathfrak{P}$ zu.

Somit gilt

Satz 15 a*: *In jeder Affinklasse von n-dimensionalen Polytopen des n-dimensionalen euklidischen Raumes E_n gibt es solche mit der Eigenschaft* $\mathfrak{P}$.

In Satz 15 ist die analoge Aussage über die Vektorsysteme $\{\mathfrak{A}_\varkappa\}$, $\varkappa = 1, 2, \ldots k$ des V_n mit dem Rang n noch verschärft. Dort wird nämlich ausgesagt, daß in jeder Affinklasse von derartigen Vektorsystemen $\{\mathfrak{a}_\varkappa\}$ das Vektorsystem $\{\mathfrak{a}_\varkappa^*\}$ mit der Eigenschaft $\mathfrak{P}$ eindeutig bis auf Ähnlichkeiten bestimmt ist.

Ist nun im E_n eine Affinklasse von n-dimensionalen Polytopen Π gegeben, so bilden die Systeme $\mathfrak{V}$ (Π) der Kantenvektoren $\mathfrak{A}_{\mu\nu}$ bei geeigneter Orientierung im V_n eine Affinklasse von Vektorsystemen mit dem Rang n. In dieser Affinklasse ist auf Grund von Satz 15 das Vektorsystem $\mathfrak{V}^*$ mit der Eigenschaft $\mathfrak{P}$ eindeutig bis auf Ähnlichkeiten bestimmt. Diese Aussage darf jedoch nicht ohne weiteres auf die Affinklassen von n-dimensionalen Polytopen des E_n übertragen werden; denn es ist zunächst denkbar, daß sich die Kantenvektoren $\mathfrak{a}_{\mu\nu} = \overrightarrow{P_\mu P_\nu}$ eines Polytopes Π in mehrfacher Weise zu einem Polytop zusammenfügen lassen.

Wir haben diesen Fragenkreis jedoch nicht in seiner vollen Allgemeinheit zu untersuchen; für unsere Zwecke genügt folgende weit speziellere Aussage, nämlich

Hilfssatz 6: *Zwei Polytope Π_1 und Π_2 derselben Affinklasse des E_n sind kongruent, wenn die Systeme $\mathfrak{V}_1(\Pi_1)$ und $\mathfrak{V}_2(\Pi_2)$ ihrer Kantenvektoren übereinstimmen und mindestens eines der Polytope die Eigenschaft $\mathfrak{P}$ hat.*

Da die Polytope Π_1 und Π_2 derselben Affinklasse angehören, gibt es im E_n eine Affinität, die Π_1 in Π_2 überführt. Ohne Beschränkung der Allgemeinheit können wir annehmen, daß es sich dabei um eine zentrale Affinität handelt. Die in Rede stehende Affinität führt das System $\mathfrak{V}_1(\Pi_1)$ der Kantenvektoren $\mathfrak{a}_{\mu\nu}$ von Π_1 — abgesehen von ihrer Orientierung — in das System $\mathfrak{V}_2(\Pi_2)$ der Kantenvektoren $\mathfrak{a}_{\mu\nu}^{(2)}$ von Π_2 über. Um die Schwierigkeiten zu vermeiden, die durch die möglicherweise verschiedene Orientierung der Kantenvektoren entsteht, ordnen wir jedem Polytop Π_1 bzw. Π_2 das „erweiterte" System $\mathfrak{W}_1(\Pi_2)$ bzw. $\mathfrak{W}_2(\Pi_2)$ seiner Kantenvektoren zu, und zwar verstehen wir darunter jenes System, das jeden durch eine Kante des Polytopes bestimmten Vektor in den *beiden möglichen Orientierungen* enthält. Offenbar hat das erweiterte System der Kantenvektoren eines Polytopes genau dann die Eigenschaft $\mathfrak{P}$, wenn dasselbe für das Polytop Π selbst gilt. Weiters bilden die erweiterten Systeme der Kantenvektoren von Polytopen derselben Affinklasse selbst eine Affinklasse von Vektorsystemen des V_n.

Da das Polytop Π_1 die Eigenschaft $\mathfrak{P}$ hat, kommt auch dem erweiterten System $\mathfrak{W}_1(\Pi_1)$ der Kantenvektoren von Π_1 die Eigenschaft $\mathfrak{P}$ zu. Da weiters $\mathfrak{W}_1(\Pi_1)$ und $\mathfrak{W}_2(\Pi_2)$ nach Voraussetzung übereinstimmen, hat auch das Polytop Π_2 die Eigenschaft $\mathfrak{P}$. Die reguläre Affinität, die Π_1 in Π_2 überführt, ist mithin eine affine Automorphie des erweiterten Vektorsystems $\mathfrak{W}_1(\Pi_1)$, womit sie als Kongruenztransformation gekennzeichnet ist (vgl. hiezu Satz 14). Damit ist der Beweis für den Hilfssatz 6 erbracht.

Aus Satz 15 folgt nun in Verbindung mit Hilfssatz 6

Satz 15*: *In jeder Affinklasse von n-dimensionalen Polytopen des n-dimensionalen euklidischen Raumes E_n gibt es ein bis auf Ähnlichkeiten eindeutig bestimmtes Polytop mit der Eigenschaft $\mathfrak{P}$.*

Dieser Satz gestattet die mannigfachsten Anwendungen auf spezielle Polytope des E_n. Von Interesse sind auch die darin enthaltenen Aussagen über die *Vielecke* des E_2 bzw. über die *Vielfache* des E_3. Da diese Gebilde unserer Anschauung zugänglich sind, dürften sie ein weitergehendes Interesse beanspruchen, weshalb die sie betreffenden Aussagen an anderer Stelle gesondert dargestellt werden sollen. Hier sei nur angeführt, daß die fünf platonischen Körper des E_3 die Eigenschaft $\mathfrak{P}$ haben und deshalb innerhalb der von ihnen erzeugten Affinklassen durch diese Eigenschaft $\mathfrak{P}$ gekennzeichnet sind.

Ferner hat der Verfasser an anderer Stelle (vgl. hiezu [1]) unter anderem gezeigt, daß der regelmäßige Simplex unter allen anderen Simplexen durch die Eigenschaft $\mathfrak{P}$ ausgezeichnet ist. Da alle n-dimensionalen Simplexe des E_n einer Affinklasse angehören, erscheint auf Grund von Satz 15* dieser Sachverhalt in einem neuen Licht. Der Beweis dieser Aussage beruht nun einfach auf dem Nachweis, daß dem regelmäßigen Simplex die Eigenschaft $\mathfrak{P}$ zukommt. Dies ist aber bereits vor einiger Zeit durch eine von I. Paasche (vgl. hiezu [5]) stammende Formel in einem anderen Zusammenhang impliziert mitbewiesen worden.

Die hier angeführten Anwendungsmöglichkeiten mögen zunächst genügen, um die Verwendbarkeit der hier entwickelten allgemeinen Aussagen zu erweisen.

Literaturverzeichnis

[1] Vogler, H.: Über die Normalprojektionen des Simplex des n-dimensionalen euklidischen Raumes. Sitzungsber. Österr. Akad. Wiss. math.-nat. Kl., Bd. **173** (1964). S. 29—57.

[2] Müller, E. und E. Kruppa: Vorlesungen über darstellende Geometrie, Bd. I: Die linearen Abbildungen, S. 180. F. Deutike, Leipzig und Wien, 1923.

[3] Müller, E. und E. Kruppa: Lehrbuch der darstellenden Geometrie, 5. Auflage, S. 275. Springer, Wien, 1948.

[4] Vogler, H.: Über die Normalprojektion des Simplex des n-dimensionalen euklidischen Raumes (Vortragsauszug). Intern. Math. Nachr., Nr. **77** (1964) S. 75.

[5] Paasche, I.: Äquidistante Punkte auf Parallelen, Praxis der Mathematik. Bd. **4** (1962), S. 63—65.

[6] Gröbner, W.: Matrizenrechnung. R. Oldenbourg, München 1956, S. 104.

GPSR Compliance

The European Union's (EU) General Product Safety Regulation (GPSR) is a set of rules that requires consumer products to be safe and our obligations to ensure this.

If you have any concerns about our products, you can contact us on

ProductSafety@springernature.com

In case Publisher is established outside the EU, the EU authorized representative is:

Springer Nature Customer Service Center GmbH
Europaplatz 3
69115 Heidelberg, Germany

www.ingramcontent.com/pod-product-compliance
Ingram Content Group UK Ltd.
Pitfield, Milton Keynes, MK11 3LW, UK
UKHW021903240426
12048UKWH00037B/1232